U0564034

编委会

安全连着你我他

汛期居民安用电

中国电力科学研究院有限公司 ｜ 组编
国家电网反窃电技术研究中心

中国电力出版社
CHINA ELECTRIC POWER PRESS

内容提要

随着社会经济的发展和电力科学技术的进步，安全用电知识也在不断更新，普及公众安全用电知识、提高公众用电安全意识，须与时俱进、常抓不懈。

本书是丛书《安全连着你我他》的一个分册，主要介绍了汛期的定义、危害及成因，剖析了室外和室内洪涝灾害中的防范措施，以及针对触电风险的灾前准备、应急救援与恢复用电等内容。

本书以图文并茂的形式、通俗易懂的文字、丰富实用的内容，为公众普及了洪涝灾害与用电安全知识。本书可供社区居民阅读，也可作为向中小学生普及宣传安全知识用书。

图书在版编目（CIP）数据

安全连着你我他　汛期居民安用电 / 中国电力科学研究院有限公司，国家电网反窃电技术研究中心组编 . 北京：中国电力出版社，2025.4. -- ISBN 978-7-5198-9556-3

Ⅰ . TM92-49

中国国家版本馆 CIP 数据核字第 20253F30R1 号

出版发行：中国电力出版社
地　　址：北京市东城区北京站西街 19 号（邮政编码 100005）
网　　址：http://www.cepp.sgcc.com.cn
责任编辑：崔素媛（010-63412392）
责任校对：黄　蓓　马　宁
装帧设计：赵丽媛
责任印制：杨晓东

印　　刷：三河市万龙印装有限公司
版　　次：2025 年 4 月第一版
印　　次：2025 年 4 月北京第一次印刷
开　　本：710 毫米 × 1000 毫米　16 开本
印　　张：5
字　　数：46 千字
定　　价：25.00 元

前　言

　　电能是企业生产、社会生活使用最为广泛的能源之一，给人们生活带来了便捷，同时用电安全也关乎着经济社会发展和人民群众生命财产的安全。近年来，电力技术发展已进入以数字化、智能化为主要特征的新时期，随之出现的安全用电隐患不容忽视。面对新形势下公众对电力安全知识的渴求，亟须开展高质量的用电安全科普工作帮助公众提升用电安全意识，构筑全社会共治共享的安全用电环境。

　　《安全连着你我他》科普丛书讲述的是与人们生活息息相关的用电安全常识和科学防护措施。本书通过生动有趣的卡通形象和直观易懂的讲述，旨在提高读者的阅读兴趣，使得科普知识更易被吸收和理解，用电安全指导更加可行和有效。

　　本科普丛书由中国电力科学研究院有限公司/国家电网反窃电技术研究中心、中国电机工程学会供用电安全技术专委会联合众多科研

专家及一线工作人员共同编写，编写团队具有丰富的科学研究和现场检查经验及隐患分析能力，具备良好的科普作品编写基础。同时，国网上海电力、国网北京电力、国网河北电力、国网安徽电力、国网江苏电力、国网河南电力、国网重庆电力、国网客服中心、河南科技大学、北京合众伟奇科技股份有限公司等多家单位的专家提供了宝贵资料和技术支持，罗安院士和华北电力大学、西安交通大学等高校教授给出了专业的指导建议以确保内容的可靠性并富含教育意义，国家电网有限公司营销部对丛书出版给予了大力支持，在此一并表示感谢。

本分册围绕汛期安全用电主题，对汛期室外用电、室内用电、触电预防、灾后复电等安全防护知识进行了科学、全面、系统地介绍，客观真实地阐述了各类场景下用电安全相关知识，通过理论知识和实践相结合，科学趣味地展示了相关用电防护技术，引导人们正确的用电行为，具有较强的技术性、专业性和指导性。

目 录

一、汛期用电，知己又知彼

 汛期知识大揭秘

汛期是指河流、湖泊等水域在一年中水位显著上涨、流量明显增大的时期，通常由季节性降雨、冰雪融化或者两者共同作用引发，具有明显的季节性和区域性特征。

◎ 季节性特点

我国汛期主要是由夏季暴雨和秋季连绵阴雨造成的，从全国来讲，汛期的起止时间不一样，主要由各地的气候和降水情况决定。南方地区入汛时间较早，结束时间较晚，一般为 4～10 月，其中主汛期为 6～8 月。北方地区入汛时间较晚，结束时间较早，一般为 6～9 月，其中主汛期为 7～8 月。

七大江河汛期及主汛期

名称	汛期	主汛期
长江	5～10月	6～9月
黄河	6～10月	7～9月
珠江	4～9月	5～7月
松花江	6～9月	7～8月
辽河	6～9月	7～8月
海河	6～9月	7～8月
淮河	6～9月	6～8月

汛期是一年中降水量最大、最集中的时期，虽然带来了丰富的水资源，但也容易引起洪涝灾害。

◎ 区域分布特点

我国洪涝灾害的潜在威胁广泛分布于多个地理区域，涵盖山区、河流中下游区域、滨海地带、入海，以及受冰川活动影响的周边地区，这些地区均有可能遭受洪涝灾害的侵袭。

其中，最常见的雨涝区域主要为东南沿海地区、湘赣地区、淮河流域，多雨涝区有长江中下游地区、南岭、武夷山地区、海河和黄河下游地区、四川盆地、辽河、松花江地区。

全国雨涝最少的地区是西北、内蒙古和青藏高原，其次为黄土高原、云贵高原和东北地区。

总体分布呈现特点：东部多，西部少；沿海多，内陆少；平原湖区多，高原山地少；山脉东、南坡多，西、北坡少。

 ## 洪涝危害和原因

◎ 洪涝危害

洪涝灾害包括洪水灾害和雨涝灾害两类。其中，由于强降雨、冰雪融化、冰凌、堤坝溃决、风暴潮等引起江河湖泊及沿海水量增加、水位上涨而泛滥以及山洪暴发所造成的灾害称为洪水灾害；因大雨、暴雨或长期降雨量过于集中而产生大量的积水和径流，排水不及时，致使土地、房屋等渍水、受淹而造成的灾害称为雨涝灾害。

洪涝灾害不但会直接引起人员伤亡和财产损失，还可能造成了一系列次生灾害链，如滑坡、泥石流、疫病等，破坏农业生产以及其他产业的正常发展，对居民生命财产构成二次威胁。

2023 年，我国出现区域暴雨 35 次，全年洪涝灾害共造成 5278.9 万人次不同程度受灾，因灾死亡失踪 309 人，倒塌房屋 13 万间，直接经济损失 2445.7 亿元[①]。

◎ 城市洪灾原因

结合近年来我国发生的几起严重的城市洪涝灾害，原因有以下几点：

（1）城市"雨岛效应"。由于城市较农村温度高，上升气流多，雨水多，城区的年降雨量比农村地区高 5% ～ 10%。

（2）城市地势低，外来洪水容易入侵。城市往往建设在地势低平的地方，导致外来水量多，自然排水不易。

（3）城市积水不易排泄。城市地表普遍被不透水的隔水层所覆盖，导致雨水在大量积聚后难以有效渗透与排放，进而导致排水不畅。

（4）城市基础设施建设水平不足、排水排涝标准偏低、应急管理能力不足等因素，导致城市洪涝发生风险增加，降低了城市洪涝综合应对能力。

---

① 数据来源：应急管理部网站 https://www.gov.cn/lianbo/bumen/202401/content_6927328.htm

汛期触电风险高

◎ **"水"为什么是导体？**

其实水分子本身并不直接导电。物质具有导电性的必要条件是含有能够自由移动的带电微粒，这些带电微粒可以是自由电子、离子或其他带电粒子，当存在外加电场时，这些带电微粒会发生定向移动，从而产生电流。我们日常生活中的"水"中通常会溶解一些电解质，如矿物质、盐类等，这些电解质在水中离解成正负离子，从而使水具有导电性，特别是当水中含有较多的杂质或离子时，导电性能会显著增强。

金属是自由电子导电的典型代表，金属中的原子会释放出许多自由电子，这些自由电子可以在整个金属内部自由移动，当通电时，电子由负极向阳极做定向移动，从而导电。

◎ 人体也是导体

人体由大约 70% 的水分构成，人体内又充满了各种电解质，如血液、淋巴液和组织液等，所以人体也是导体，在触及带电的物体时，电流就会迅速地通过人的身体，这就是常说的"触电"。

触电的后果可能很严重，会导致人体组织发生损伤或功能障碍，甚至死亡，伤害程度跟电压高低、接触时间长短、电流强弱及频率等都有关系，而人体对电流的敏感度也因人而异。一般来说，电流达到 1 毫安时，人体就会感觉到刺痛，随着电流的增强，人体的反应也越发激烈，甚至导致死亡。

不同大小的电流触电

小贴士

　　生活中，常见的、伤害最多的是电流对人体的伤害，即电伤和电击。电伤是由于电流的热效应、化学效应和机械效应对人体外表造成的局部伤害。电击是最危险的一种伤害，对人的伤害往往是致命的，造成的后果一般比电伤要严重得多，但电伤经常与电击同时发生。

◎ **为什么汛期易发生触电事故？**

● **电力设施损坏**

　　汛期，极端天气如暴雨、洪水等自然灾害频发，这些自然现象对电力设施构成了严重威胁。暴雨可能导致山体滑坡、泥石流等地质灾害，进而造成电线杆倾斜、倒塌，地下电缆被冲断或浸泡。这些损坏的电力设施不仅影响了正常供电，更可能使原本绝缘的电线裸露在外，形成直接的导电路径，极大地增加了行人、周边居民以及救援人员触电的风险。

● **地面积水**

　　汛期降雨量大，地面迅速积水。当电力设施受损，如电线断裂并落入积水中时，这些积水便成了电流传播的媒介。由于水的导电性，

即便是少量的积水，也可能携带足以致人伤亡的电流。行人在不知情的情况下蹚水行走，一旦接触到带电的积水，便可能发生触电事故，后果不堪设想。

- ● 人为因素

汛期，为了应对洪水等紧急情况，人们往往需要进行紧张的抗洪救灾工作。在这个过程中，可能会涉及电力设施的临时操作或抢修。然而，由于时间紧迫、环境复杂以及部分人员可能缺乏专业的电气安全知识和操作技能，导致在操作过程中容易发生失误或疏忽。此外，部分群众在参与抗洪时，可能因安全意识淡薄，忽视电力设施的危险性，进一步加剧了触电事故的风险。

- ● 缺乏电气安全知识

电气安全知识的普及程度直接关系到公众在汛期及日常生活中的用电安全。对电气安全知识了解不足，不知道如何正确、安全地使用电力设施，也不了解在电力设施附近应保持的安全距离，知识的缺失使得人们在面对汛期等特殊情况时，更容易发生触电事故。因此，加强电气安全知识的普及和教育，提高公众的自我保护意识和能力，是预防汛期触电事故的重要措施之一。

◎ **汛期触电案例**

● 积水触电

广西学生蹚水触电：2023 年 6 月 13 日下午，广西一名学生在暴雨积水中蹚水回家，不慎触电倒地。周围路人和商户发现后，使用铁锹等工具将孩子救到路边，并进行心肺复苏。幸运的是，孩子随后苏醒，并被送往医院进一步检查。

辽宁沈阳女子触电身亡：2022 年 7 月 7 日，辽宁沈阳暴雨导致城区多路段发生内涝。一名女子在积水中行走时因触电突然倒地，事发后民警及热心市民立即进行施救。不幸的是，该女子送医后经抢救无效死亡。

● 公交站触电

佛山禅城区母女公交站触电死亡：2018 年 6 月 8 日晚，受台风"艾云尼"影响，广东多地出现暴雨天气。在佛山禅城区汾江中路花园购物广场正门公交站，一对母女疑似触电倒地。经抢救无效，两人均不幸身亡。

广州白云区男子公交站触电：同样是 2018 年 6 月 8 日，在广州白云区机场路南云西街路口的公交站附近，一名男子在过斑马线时因水中有电而倒地。医护人员和市民立即进行急救，并将该男子送往医院。该男子的具体情况后续未有详细报道。

● 家中触电

广西玉林市梁某家中触电：2010 年 6 月 2 日凌晨，一场突如其

来的大暴雨，导致玉林市民主中路梁某家进水至膝盖深。梁某在带领妻儿用小水泵排涝时，因小水泵漏电不幸触电，梁某和他的妻儿均抢救无效，不幸身亡。

云阳县居民家中触电：2023 年 7 月 4 日，重庆云阳县盘龙街道因暴雨导致河水上涨，一处民房被淹。一名居民在逃生过程中接触水面时不幸触电晕倒。救援人员使用橡皮艇和绳索将其救出，并送往医院抢救。该居民的具体情况后续未有详细报道。

二、室外用电，汛期要留心

 ## 室外风险大盘点

在日常生活中，我们应当提升个人安全意识，细心观察并牢记居住及活动区域内电力设施的具体位置，在突发状况，如洪水侵袭时，迅速准确地判断环境，避免不慎接近带电设备，从而有效预防触电等意外事故的发生。如发现电力设施漏电，及时做标记或拨打 95598 电力服务热线，切勿自行处置。

在拨打电话时，请尽量清晰、准确地说明关键细节，例如详细的事发地点，可依据附近明显的地标建筑、道路名称等进行描述；仔细阐述所观察到的异常现象，如线路是否断开脱落、设备是否着火冒火、有无异常声响或烟雾等情况。这将极大地帮助电力部门快速评估现场状况，调配专业人员和设备及时开展抢险修复工作，保障电力供应恢复与公共安全。

报修电力设施水淹情况

小贴士

　　95598 是国家电网公司服务热线，集自动、人工服务于一体，为客户提供 24 小时不间断、全方位的一站式服务，主要提供的服务包括故障报修、电费查询、用电业务咨询、投诉、举报及建议等。

◎ 各类可能带电体

● 高压线、高压电塔

特征：电塔为梯形或三角形等塔状建筑物，高度通常为 25 ～ 40 米，钢架结构。

常见地点：建于野外或配电站附近，一般在空旷处，远离生活区；部分因城市建设原因，距离生活区较近，可见于道旁、农田。

高压电塔与高压线

● 变电箱、开闭站

特征：一般为灰白色或绿色的柜形物体，有时会建造成小型房屋造型。这些设施内部配备了各种电气开关、保护装置和测量仪表，用于控制和分配电能。

常见地点：在道路上，可能被放置在路灯杆旁或绿化带内；在工地旁，一般作为临时电力供电设施设置在水泥基座上；小区内，通常安装在配电房或小区入口附近，也有些设置在绿化内。

变电箱

开闭站

● 变压器及附属设备

特征：变压器及附属设备（如冷却装置、储油柜、分接开关等）通常与电线直接相连。这些设备具有特定的形状和结构，以便于散热、维护和操作。

常见地点：通常被安装在电线杆附近的铁架或地面上，这些铁架通常被称为变压器台架。

变压器及附属设备

● 外露金属物体

路灯、红绿灯、摄像头的柱子、广告牌、建筑物外露的水管、煤气管等金属物体，由于大风、暴雨或洪水，将树枝、广告牌刮倒、冲断，或将紧靠的电线砸断，或搭在电线上，导致这类设备的绝缘很可能被破坏而带电，人体一旦接触，极有可能发生触电。

室外触电风险点——广告牌

● 电线杆、斜拉铁线、电线附近的树木

随着树木的逐年长高，树木的树冠被电力线路包围，且电线经过长时间的摩擦可能存在绝缘层破损的情况。雷雨、大风甚至洪水发生时，树木和电力线路之间相互碰撞、摩擦，导致线路短路、放电。斜拉铁线的上端离电线很近，在恶劣的天气里有可能出现意想不到的情况而使斜拉铁线带电。

室外触电风险点——电线附近树木

• 公交站台、电子屏附近公共设施

遇到公交站台浸水时，要谨防蹚水触电。公交站台广告灯箱内部电源一旦受损，在雨水浸泡或潮湿空气的影响下，裸露的电线接触到站台金属部分，靠近易引发触电事故。

室外触电风险点——公交站台

● 铁路、地铁区域

铁路及地铁区域的轨道周边往往设有复杂的供电系统，洪水浸泡可能导致供电设备短路、漏电，使得轨道及周边区域带电，如果此时贸然进入相关区域，触电风险将大幅增长。

◎ **常见电力安全标志**

在日常生活场所中，总会看到各式各样的警示标志，提醒人们注意周边环境，避免可能发生的危险。设置在电力设施周边区域的是电力安全警示牌，告诫公众注意电力安全，保持警觉，避免靠近或误触电力设施。

认识电力安全标志

◎ 涉水注意事项

● 尽量避免涉水

总的原则是避免涉水，不要冒险在积水地区趟水行走，尽量选择没有积水的路段行走。如必须趟水通过，一定先观察周围环境，确保安全再通过，避免水体导电而产生的触电事故。

● 观察周围环境

观察周围环境时应重点注意，是否有掉落或裸露电线，水中是否有电火花、电弧或其他异常现象等。如果看到水中有明显的电流迹象，如闪烁的光芒或噼啪声，那么很可能存在电流。

如果使用辅助工具来试探水深和道路时，尽量使用绝缘的棒体，如橡胶棒、塑料棒、干燥的木棒，且长度应足够，避免被打湿后降低绝缘性能。

● 注意身体感觉

当你站在水中时，如果感觉到身体有刺痛、麻木、抽搐或其他不适感，那么可能是因为水中存在电流，这时候应立即离开水源，并尽快报告给相关部门。

● 骑电动自行车注意事项

骑电动自行车涉水前，有条件时应预防性地对车辆电气系统进行检查，主要看电池的密封性是否完好以及电气线路是否有破损或裸露。应尽量避免在暴雨天气骑行电动自行车，若必须骑行，应注意路面积水，在积水超过车轮一半高度的情形下，涉水时要控制车速，低速缓慢通过，避免高速行驶溅起的水花进入电池仓或电机。

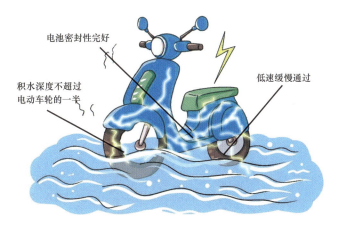

电池密封性完好

积水深度不超过电动车轮的一半

低速缓慢通过

电动自行车涉水注意事项

● **划船行进注意事项**

在洪涝灾害期间，若需通过船只等方式进行转移，务必谨慎行事。划船时，要特别留意上空的电力线路，因为随着水位的上涨，原本的安全距离将缩短，可能会造成触电事故。

电线

安全距离不足！！

危险！

救援

划船注意架空线安全距离

根据《国家电网有限公司电力安全工作规程（电力线路部分）》，在高压线路附近设备不停电时的安全距离如表所示。

高压线路附近设备不停电时的安全距离

电压等级（千伏）	安全距离（米）
10 及以下	0.7
20、35	1.0
66、110	1.5
220	3.0
500	3.0

 ## 雷雨来袭须记牢

　　暴雨是洪水发生的重要因素，而暴雨天气通常与雷暴天气密切相关。当大气中水汽充足且垂直运动较活跃时，暴雨、雷暴天气就会频繁发生。

◎ **开阔、高处等易遭雷击地带**

（1）不要停留在高楼平台上：高楼平台容易成为雷电的目标，因此应尽快离开。

（2）避免进入孤立的棚屋、岗亭等：这些孤立建筑在雷雨天气中可能增加被雷击的风险。

（3）不要在大树下躲避雷雨：大树容易成为雷电的通道，如果必须在大树下避雨，应与树干保持至少3米的距离，并下蹲双腿靠拢。

（4）雷雨天在旷野中打伞有四忌：忌选择金属把的雨伞，忌在电器设施下撑伞，忌高处使用雨伞，忌收纳雨伞时紧贴通电设备。

雷雨天尽量避免在旷野打金属把的雨伞

◎ **易发触电的事物**

● **快递柜**

取快递能带来快乐，但是在强雷雨时段就忍一忍吧。户外的快递柜接通着电源，可能存在安全隐患。

强雷雨天尽量不要使用快递柜

- 电动自行车

雨天停放电动自行车时，最好用专用防雨布盖起来，必要时将电池取出放在阴凉干燥处。电动自行车在雨天启动前，检查电池和连接插口是否干燥，用抹布擦拭干净后再启动，以免出现漏电情况。雨天骑行结束后，不要立即接通电源，有可能会引发电动自行车短路，确保车内无积水和浸湿再充电。

- 充电桩

暴雨情况下不建议使用户外充电桩，即使充电桩使用了防水材

料，接口处依然有可能因为淋雨引发短路。如需使用，请务必用防雨器具遮挡，或建议使用室内充电桩。

暴雨情况下，应使用室内充电桩

● 断落的电线

户外行走路过积水地带，尽量不要趟水，以免附近电力线路、电缆断落或设备漏电而引发触电。如果发现供电线路断落在地上或积水中，切勿接触，应离开导线落地点 8 米以外，在周围做好记号，提醒行人不要靠近，并立即及时通知当地供电公司（供电所）紧急处理。

离开导线落地点8米→

安全区域

遇断落导线，应离开8米外并通知供电公司

 ## 室外遇险要镇定

◎ 误入带电区域

如果在户外看到架空线或高压线遭雷击断裂，应高度警惕，因为电线断点附近可能存在跨步电压，此时切勿大步跑动，否则两脚之间的电压差可能导致触电。

正确的做法是双脚并拢，以小步跳跃的方式缓慢离开带电区域，如果电线断裂点距离较近，或地面出现冒烟、火花等电流扩散迹象，则应避免移动，选择双脚并拢或单脚站立在原地等待专业救援。无论

何种情况，都应立即报警并通知电力公司，同时避免接触任何可能带电的物体，确保自身安全。

双脚并拢跳离带电区域

什么是跨步电压？

当电气设备发生接地故障时，接地电流通过接地体向大地流散，在地面上形成分布电位。这时若人们在接地短路点周围行走，其两脚之间的电位差，就是跨步电压。由跨步电压引起的人体触电，称为跨步电压触电。

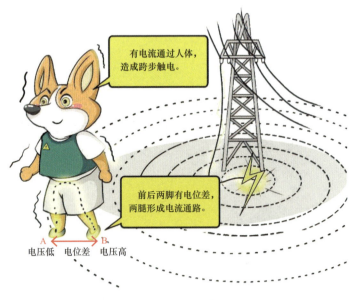

有电流通过人体，造成跨步触电。

前后两脚有电位差，两腿形成电流通路。

A 电压低 电位差 B 电压高

跨步电压触电原理示意图

◎ 雷电来袭

• 雷击的预兆

如果在雷电交加时，头、颈、手处有蚂蚁爬走感，头发竖起，说明将发生雷击，应赶紧趴在地上，并摘下佩戴的金属饰品和发卡、项链等，这样可以减少遭雷击的危险。

雷击的预兆

当在户外看见闪电几秒钟内就听见雷声时，说明正处于近雷暴的危险环境，此时应停止行走，两脚并拢并立即下蹲，不要与人拉在一起。此外，雷暴天气尽量不外出，如果外出最好使用塑料雨具、雨衣等。

声音的速度约 340 米／秒，因此，可根据雷声延迟的时间，大致判断当前离雷击中心的距离。

● 躲避与转移

如在户外遭遇雷雨，来不及离开高大物体时，应马上将双脚合拢站在绝缘物上面，同时双手抱膝，胸口紧贴膝盖，尽量低下头，因为头部较之身体其他部位最易遭到雷击。

当然，在条件允许的情况下，应尽快转移至安全地带，避免长时间滞留在雷雨天气中。转移过程中，务必注意行动速度不宜过快，特别是要避免快速驾驶摩托车、骑自行车或在雨中狂奔。因为当人体在雷电环境中快速移动时，跨步增大会导致身体不同部位间的电位差增大，从而增加遭受雷电伤害的风险。

如何躲避雷击

● 人触电倒地怎么办

切断电源：首先，要尽快切断电源，以防止电流继续伤害触电者。如果无法切断电源，可以使用干燥的竹竿、扁担、木棍、塑料制品、橡胶制品、皮制品等绝缘物品将触电者与电源分开，但不能使用铁器或潮湿的棍棒，以防触电。

切断电源

检查呼吸和脉搏：切断电源后，立即检查触电者的呼吸和脉搏。如果触电者呼吸停止但脉搏依然存在，应该让其就地平卧，救援者松解其衣扣，打开气道，立即进行口对口人工呼吸。有条件的可用气管插管，加压氧气并人工呼吸，也可用针刺人中、涌泉等穴位。如果触电者心搏停止而呼吸存在，应立即做人工胸外按压。

进行心肺复苏：如果触电者的呼吸和心跳都停止了，应立即拨打急救电话，并立即进行心肺复苏，以建立呼吸循环，恢复全身器官的氧供应。

小贴士

心肺复苏步骤：

（1）将触电者平放在硬地面上。

（2）双手交叉，按压胸部中央，深度约 4～5 厘米，频率为每分钟 100～120 次。

（3）每按压 30 次，进行 2 次人工呼吸。

（4）持续进行，直到专业救援人员到达。

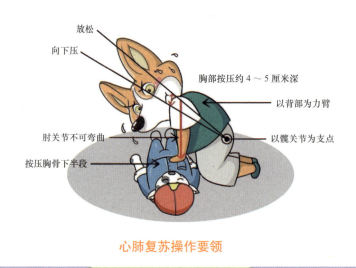

放松

向下压

胸部按压约 4～5 厘米深

以背部为力臂

肘关节不可弯曲

以髋关节为支点

按压胸骨下半段

心肺复苏操作要领

在救援过程中还应注意：一是保持触电者体温，触电后，触电者可能会失去体温调节功能，因此应该注意保暖，避免受凉。二是施救者避免直接触摸触电者，如果仍有电流，不要直接触摸触电者，以免自己也受到电击。

三、室内用电，汛期亦须防

 室内风险来揭晓

◎ 底层、地下等水淹较严重的区域

在汛期，低洼地带如底层房间或地下空间极易面临水淹的风险。随着水位的不断攀升，这些区域可能会遭受洪水侵袭，进而淹没电线、插座等电力设施，加大漏电与触电的潜在危险。

水淹还可能造成电线短路现象，一旦发生，不仅可能损坏电器设备，更可能引发火灾等灾难性后果，对生命财产安全构成重大威胁。

◎ 楼道内风险点

● 高层建筑电梯

在汛期，电梯井道容易积水，导致电梯运行受阻或发生故障。积水可能损坏电梯的电气元件，引发漏电、短路等问题。此外，如果电梯轿厢或井道内进水，还可能造成电梯困人或故障停运，给居民出行带来不便，甚至威胁到居民的生命安全。

• 电缆竖井

电缆竖井是高层建筑中电线电缆的通道，也是汛期容易积水的地方。电缆井内的电线电缆如果长时间浸泡在水中，可能导致绝缘层破损，增加触电风险。此外，积水还可能引发电缆井内的电气设备故障，如开关、插座等失灵。

• 电表箱

电表箱是居民用电的计量和管理设备，通常安装在楼道内。在汛期，电表箱可能因为防水措施不当而进水，导致电能表损坏或读数不准确。同时，进水的电表箱还可能引发电气故障，如短路、漏电等，危及居民的安全。

◎ 汛期室内易发触电的事物

• 插座

在汛期，房屋内的一些电器设备和线路也可能成为触电的隐患。例如，老旧的插座、开关等电器设备可能因接触不良或绝缘老化而导致漏电。同时，如果家中的电线乱拉乱接，也可能引发触电或火灾等风险。此外，家用电器如洗衣机、电冰箱等，如果金属外壳没有良好接地，也可能在漏电时造成触电事故。

• 家用电器

固定的或不易移动的电器设备，如空调、冰箱、热水器等，若其

线路或电源插座接触到积水，容易导致触电事故。因此，要确保家用电器远离水源，并使用防水罩覆盖，或者将家用电器转移到较高的地方。

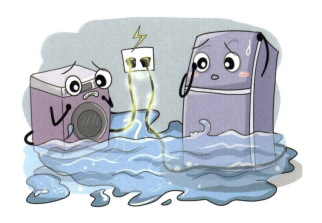

家用电器泡水易引发触电事故

● 室外电源

有些设备虽然在室内使用，但却有室外部分，比如太阳能热水器等室外电源设备，应避免在雷雨天使用太阳能热水器洗澡。

雷雨天避免在室外使用电热水器和太阳能热水器洗澡。

雷雨天避免使用太阳能热水器

防水等级：GB/T 4208-2017《外壳防护等级（IP 代码）》规定了额定电压不超过 72.5kV、借助外壳防护的电气设备的防护分级，表明了外壳对人接近危险部件、防止固体异物或水进入的防护等级。

IP 代码由两个特征数字组成，第一个数字表示防尘等级，第二个数字表示防水等级。数字越大，表示防护等级越高，即设备对灰尘和水的防护能力越强，例如：IP54 表示防尘等级为 5 级，防水等级为 4 级。当不要求规定特征数字时，由字母 X 代替，例如：IPX4 表示防水等级为 4 级。

IP 代码含义

等级	防尘（第一个数字）	防水（第二个数字）
0	无防护	无防护
1	防止直径 ≥ 50mm 的固体异物	防止垂直方向滴水
2	防止直径 ≥ 12.5mm 的固体异物	外壳倾斜15°防止垂直方向滴水
3	防止直径 ≥ 2.5mm 的固体异物	防淋水：外壳垂直面60°范围内淋水无有害影响
4	防止直径 ≥ 1.0mm 的固体异物	防溅水：向外壳各方向溅水无有害影响（可泼水）

续表

等级	防尘（第一个数字）	防水（第二个数字）
5	防尘：不能完全防止尘埃进入，进入灰尘量不影响正常运行和安全	防喷水：向外壳各方向喷水无有害影响（可用水冲洗）
6	尘密：无灰尘进入	防强烈喷水：向外壳各个方向强烈喷水无有害影响
7	—	防短时间浸水：浸入规定压力的水中，经规定时间后外壳进水量无有害影响
8	—	防持续浸水：持续潜水后外壳进水量无有害影响
9	—	防高温/高压喷水：向外壳各方向喷射高温/高压水无有害影响

◎ **这些风险如何应对？**

对于底层或地下等水淹较严重的区域，应提前做好防水措施，如安装防水挡板、使用防水材料等。同时，定期检查电线、插座等用电设施，确保其安全可靠。

在楼道内，应确保电线、电缆等用电设施安装规范、维护及时。对于老化的电线、电缆应及时更换，对于破损的照明设施应及时修复。

在房屋内，应定期检查电器设备和线路，确保它们处于良好的工作状态。对于老旧的插座、开关等电器设备应及时更换，对于乱拉乱

接的电线应及时整理。同时，确保家用电器金属外壳良好接地，降低触电风险。

 ## 雷雨交加要谨慎

◎ 易发触电的事物

● 电器设备和插座

家用电器如电视、电脑、空调等，以及与之相连的插座，如果在使用时接触到水或存在漏电现象，可能会成为触电的源头。特别是在潮湿的环境下，插座和电器设备的绝缘性能可能下降，增加触电的风险。

（1）有信号线的电器：如电视、电脑等，这些电器在雷雨天使用时，雷电可能会通过电源线、信号线等传入设备，进而对使用者构成触电风险。

（2）金属外壳的电器：如太阳能热水器、电冰箱等，这类电器的金属外壳如果接地不良，也可能成为雷电的导电路径。

（3）绝缘受损的电器：如洗衣机、厨房电器等，这类电器长期使用时若接触水或潮湿环境，也可能导致触电。

措施：雷雨天，尽量避免使用电器设备，特别是与室外有连接的电器，如空调、电视等，确保插座和电器设备干燥，避免水分接触。

雷雨天使用电器有风险

● **金属管道和水龙头**

雷雨天，金属管道、暖气片、水龙头等可能成为雷电导入室内的途径。如果在雷电直击附近时触摸这些金属物体，可能会遭受电击。

措施：雷雨天，尤其当雷电活跃时，不要触摸金属管道和水龙头。

外面打雷，不可以碰暖气。

雷雨天不要触摸金属设施

● 电线和电缆

裸露或损坏的电线、电缆在雷雨天可能成为触电的隐患。特别是在室内潮湿或存在积水的情况下，电线和电缆的绝缘性能可能受到影响，增加了触电的风险。

措施：定期检查电线和电缆的状态，如有损坏应及时更换或修复。

● 使用防雷设备

为家庭电路安装防雷设备，如避雷针、浪涌保护器等，以减少雷电对电器设备的损害和触电风险。

安装避雷针减少触电风险

小贴士

　　避雷针：安装在被保护物顶端，与埋在地下的泄流地网连接起来。在避雷针的顶端，形成局部电场集中的空间，以影响雷电先导放电的发展方向，引导雷电向避雷针放电，再通过接地引下线和接地装置将雷电流引入大地，从而使被保护物体免遭雷击。

　　值得注意的是，雷雨天，务必注意保持与避雷针及其相连电气线路的安全距离，以防范潜在的触电风险，确保个人安全不受威胁。

小贴士

　　尖端放电：尖端放电是在强电场作用下，物体尖锐部分发生的一种放电现象。尖端放电属于电晕放电的一种。导体尖端的等势面层数特别多，尖端附近的电场特别强，就会发生尖端放电。

● **注意电线与电缆**

　　定期检查电线和电缆的状态，如有破损或老化应及时更换。避免使用破损的电线或电缆，以减少触电的风险。

 ## 室内遇险不慌张

● 观察与判断

如果发现室内有积水或电器设备被水浸湿，应迅速观察并判断是否存在触电风险。特别注意电线、插座、开关等位置是否有水迹或漏电现象。

● 避免直接触碰

在处理涉水电器或线路时，切勿直接用手触碰，应使用绝缘工具或干燥的木棒进行操作。避免赤脚或穿湿鞋进入积水区域，以防触电。

● 迅速切断电源

如果条件允许，尽量关闭总电闸以切断电源。当然，如果来不及或触电风险高，不要冒险去关电闸，以免发生触电事故。

居民常见的总电闸类型有空气开关和漏电保护器。

（1）空气开关

原理：利用双金属片热膨胀系数不同的原理工作，当电路中电流过大时，双金属片受热弯曲，触发脱扣机构，使开关跳闸，切断电路，从而保护电器设备和线路免受过载、短路影响。

特点：具有过载保护和短路保护功能，跳闸后可手动合闸复位。

其结构相对简单，价格较为亲民，在家庭电路中广泛应用，能有效防止因电流过大引发的电气火灾等事故。

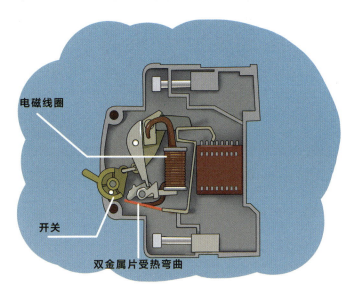

电磁线圈

开关

双金属片受热弯曲

空气开关结构图

（2）漏电保护器

原理：通过检测进出电流是否平衡来判断电路是否漏电，正常情况下，流入和流出的电流相等；若有漏电，电流差值达到一定值时，保护器内部的感应线圈会产生磁场，触发脱扣装置跳闸，保障人身安全。

特点：主要功能是漏电保护，灵敏度高，能快速响应漏电情况，部分漏电保护器还兼具过载和短路保护功能，为家庭用电安全提供多重防护。

漏电保护器

● 逃离危险区域

一旦发现触电风险，迅速逃离危险区域。避免靠近被水浸湿的电器设备或电线。如果房门下方有积水，说明危险可能来自下方，此时不宜向下逃生。但要注意，如果伴随较强雷雨，屋顶也不一定安全，此时不宜逃至屋顶，应当保持镇定，寻找安全楼层。

寻找安全楼层

● 寻找安全出口

寻找其他安全出口，如窗户、阳台等。如果无法通过窗户或阳台逃生，可以寻找室内较高的地方躲避，如阁楼、高层、卫生间等。

● 寻求帮助

在确保个人安全的前提下，应立即拨打紧急救援电话以寻求协助。通话时，务必提供详尽准确的地址信息以及当前情况的清晰描述，从而有助于救援人员能够迅速且准确地定位并抵达事发现场，采取必要的救助措施。

小贴士

在紧急撤离的过程中，务必保持身体处于干燥状态。应避免直接踏入或接触积水区域，若已发现积水渗透的状况，应立即采取防护措施，如穿雨靴、披雨衣等，以保证个人安全。

四、汛期将至，预防当先行

 ## 洪涝动向常关注

在汛期，密切关注天气预报。天气预报虽无法做到精确无误，但它对于预测和评估大规模的自然天气现象，尤其是暴雨和台风等极端天气情况，具有显著的参考价值。通过及时关注天气预报，人们可以更有效地做好防范措施，减少自然灾害带来的损失与风险。

◎ 关注官方信息

对不同的灾害、不同的严重程度应当有对应的预防措施。气象学上，以雨量为判断标准，当某一地区的累积降雨量满足1小时16毫米以上或12小时30毫米以上或24小时50毫米以上时才能称之为暴雨，按照雨量大小又可进一步分为暴雨（50～99.9毫米）、大暴雨（100～249.9毫米）、特大暴雨（250毫米以上）三个等级。

◎ 了解信息的渠道

● 政府网站

应急管理部网站：该网站是发布全国各类灾情的官方渠道，每天都会及时发布最新的灾情数据和应对措施。

各地政府官方网站：这些网站会发布当地政府关于洪涝灾害的通告和新闻报道，内容详实准确。

● 新闻和媒体渠道

新闻网站：如央视新闻、人民网、中国新闻网、新华网等，这些网站会实时报道洪涝灾害的最新动态和相关信息。

观看天气预报

社交媒体及自媒体平台：如微信、微博、短视频平台等，这些平台上有许多官方账号、新闻机构和社会团体发布关于洪涝灾害的最新消息和预警信息。

● 专业网站和平台

网络舆情网：这些网站提供舆情监测服务，可以查询关于洪涝灾害的舆情动态和公众关注度。

互联网舆情监测平台：这些平台能够自动搜集和分析关于洪涝灾害的舆情信息，帮助用户了解灾害的舆论走向。

● 手机应用程序

预警应用程序：如"预警12379"等，这些应用会提供最新的预警信息和防御指南，帮助公众及时采取防御措施。

● 互联网社区

在互联网各种论坛中可以找到关于洪涝灾害的讨论和分享，这些信息可能来源于当地居民或目击者，但需要注意筛选和核实信息的真实性。

◎ 预警的类型及具体图标

如果在非常短的时间内累积降雨量就已经达到上述水平，气象部门就会根据达标的时间长短及雨量大小从低到高，相应地发布蓝色、黄色、橙色、红色四级暴雨预警信号。

暴雨预警信号标识

警告级别	降水量	造成影响
蓝色	12个小时内达50毫米	降水相对较为缓慢，但持续时间较长，可能会导致一些低洼地区积水、道路湿滑等情况
黄色	6个小时内达50毫米	降水速度加快，短时间内的降水量增多，可能引发局部地区的洪涝灾害，如城市内涝、农田积水
橙色	3个小时内达50毫米	降水强度较大，发生洪涝灾害的风险显著增加，可能导致河流、湖泊水位快速上涨
红色	3个小时内达100毫米	降水强度极大，极易引发严重的洪涝灾害、山体滑坡、泥石流等次生灾害

临时措施心中定

◎ 做好房屋检查

• 防止雷电直接侵入

（1）屋顶：检查屋顶是否坚固，坚固的屋顶能够提供更好的防雷击能力。在雷电天气中，如果屋顶结构不稳固或存在破损，雷电有可能通过屋顶的缝隙或破损处进入室内，从而增加触电的风险。

（2）门窗：检查门窗的密封性和坚固性，如果门窗不牢固或存在缝隙，雷电产生的电磁场或电流可能通过这些开口进入室内，对室内的人员和电器设备构成威胁。

雷雨天及时关闭门窗。

及时关闭门窗

- **排水管、排水沟清理**

大量的雨水和积水可能通过排水管、排水沟流动，如果这些管道存在堵塞或破损，积水无法及时排出，可能导致地面积水严重，进而增加触电的风险；积水中的杂质和垃圾可能导电，如果这些杂物进入排水系统，可能形成导电通路，也会增加触电的风险；如果排水管道存在破损或老化，可能直接导致墙体内附近的电线或电器设备浸泡在水中，直接引发短路或触电。因此，应当及时清理和修复排水管和排水沟，消除安全隐患。

◎ 临时转移物件

- **电器设备**

尽量让电气设备远离水源，特别是排插、电视、电脑、冰箱等。如果可能，将电器设备转移到较高的楼层。

- **金属物品**

金属物品在潮湿环境中容易导电，因此应将金属家具、装饰品等物品移离地面，或者放置在不易被水浸湿的地方。

厨房内刀具：在雷雨天，厨房内的刀具类物品，如菜刀等，虽然本身并不直接构成雷电的吸引源，但也需要妥善处理，以确保安全；应避免放置在易导电位置，如金属水管和电线周围和其他潮湿地方；可将其放置于刀具架或抽屉中，以防在雷电天气中因恐慌或混乱而导致意外发生。

◎ 不易移动的物体怎么办？

● 尽量提高物体的高度

如果条件允许，可以使用砖块、木板等物品将不易移动的物件垫高，使其远离地面积水，这样可以减少物件被水浸湿的可能性，从而降低触电风险。

● 检查并加固电器设备

对于固定在墙上或地面的电器设备，如空调、热水器等，首先要确保它们的电源插头没有裸露或破损，使用绝缘胶带或其他绝缘材料进行包裹，同时，检查设备的线路是否老化或破损，如有必要，及时联系专业电工进行修复或更换。

● 使用防水罩或防水材料

对于不能移动的金属物品或其他易导电物件，可以使用防水罩或防水材料将它们覆盖起来，以减少与水的直接接触，降低物件导电的风险。

对于不能移动的金属物品或其他易导电物件，可用防水罩或防水材料将它们覆盖起来。

使用防水罩覆盖金属物品

● 临时拆卸部件

针对电器设备，特别是那些固定在墙壁或地面上的大型电器，如空调、冰箱等，可以考虑暂时拆卸其电源线和相关部件；对于金属物品或其他易导电物件，可以考虑拆卸其部分组件或结构，例如金属家具的腿部或支架；还有一些固定在室外的设施或设备，如太阳能板、天线等，如果它们可能因洪涝而受损或引发触电风险，也可以考虑暂时拆卸。

需要注意的是，在拆卸任何部件之前，务必确保操作安全，关闭

相关电源、使用适当的工具、遵循正确的拆卸步骤等都是至关重要的，如果不确定如何操作或担心安全问题，建议寻求专业人员的帮助和指导。

对于确实存在触电风险的物体或区域（如一些安装位置低的插座），可以设置明显的警示标识，提醒自己注意并避免接近。

⚡ 应急工具备无患

● 绝缘工具与安全防护器具

在接触可能带电的物体或进行电力维修时，穿戴绝缘手套和绝缘靴能有效防止电流通过身体，保护人员免受电击伤害。

注意事项：定期检查绝缘手套和绝缘靴的完好性，确保其绝缘性能符合安全标准。

绝缘胶布

绝缘手套

绝缘鞋

绝缘工具与装备可以有效地保护我们

绝缘胶布、绝缘手套、绝缘鞋

戴绝缘手套、穿绝缘鞋

一般低压绝缘手套即可满足家用防护，而低压绝缘鞋往往难以防范水淹情况，故可考虑带筒的高压绝缘鞋。

● **干木棒或绝缘棒**

在发现有人触电或需要远离带电体时，使用干木棒或绝缘棒进行远距离操作，避免直接接触带电体。

注意事项：确保使用的干木棒或绝缘棒干燥、无破损，长度足以保持安全距离。

● **应急电源**

备用发电机：适合家庭或小型社区使用，能够提供稳定的电力输出，满足照明、通信、医疗等基本需求。

移动电源（充电宝）：便携式，适用于手机、笔记本电脑等小型电子设备的充电。

太阳能充电器：利用太阳能转化为电能，环保且可持续，适用于户外或无法接入电网的区域。

注意事项：确保应急电源的安全使用，避免触电、火灾等安全隐患；定期检查应急电源的性能和电量，确保在需要时能够正常使用；在使用发电机等大功率设备时，注意通风散热，避免火灾风险。

户外备用电源

　　户外备用电源：又称为户外移动电源，可以提供220伏/110伏的电压，适用于露营、自驾游、小家电供电、摆摊、无人机供电、车载电瓶等多种场景，具有大功率的特点，能满足在户外使用电器的电力需求，让人们在没有市电接入的情况下也能正常使用电器设备。

● 测电笔

　　根据使用需求选择合适的测电笔进行探测，如数字式、指针式等。检查测电笔，使用前检查测电笔是否完好，电池是否充足。测试电线或电器，将测电笔笔尖接触待测电线或电器的金属部分，观察测电笔指示灯或显示屏的显示情况，判断是否带电。

　　注意事项：在使用测电笔时，应确保手部干燥，避免误触其他带电部分。不要将测电笔用于测试高压电，以免发生危险。测电笔只是一种辅助工具，不能代替专业的电气检测和维修工作。

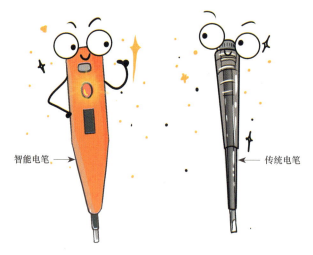

智能电笔 ←　　　　　　　→ 传统电笔

测电笔

改造升级防风险

◎ 提升房屋防灾能力

● 建筑的设计与选址

　　对于低洼院落、平房或地下室等容易进水的房屋，应将建筑的基础部分升高至泛洪水位线以上，或采取加固改造措施，如砌围墙、配置小型抽水泵等，提高房屋的防洪能力。

● 建筑材料选择

　　使用防洪材料建造房屋，这些材料应具备持久、耐潮的特性，例如水泥、有釉瓷砖、防水胶、聚酯环氧树脂涂料等。对于容易被水淹的部分，如地下室或一楼，应采用防水地坪和耐水护墙板。

使用防水材料

● 增设防洪设施

在房屋周围设置防洪墙或防洪堤，或使用挡水板、沙袋以阻挡洪水进入，亦可安装水位监测和警报系统，以便在洪水来临前及时采取应对措施。

房屋周围设置防洪堤

◎ 电气系统的改造与升级

• 提升配电设施防涝标准

对于新建住宅小区，应合理规划配电设施位置，确保其高于当地防涝用地高程，并不得设置在负一层以下，同时配电房应设置挡水门槛，电缆管沟应增设防止涝水倒灌设施。

• 既有住宅小区的改造

对既有住宅小区地下配电设施进行防涝迁移改造或防涝加固。具备迁移条件的地下公用供电设备以及电梯、供水设施等专用负荷用电设施，应全部迁移至地面层。

无法迁移的地下配电设施，应按照防涝标准采取防止涝水倒灌措施、设置封堵装置等进行加固改造。

• 电器设备与线路安装

电器设备和服务设备（如供暖、空调、水暖用具等）应尽可能安装在洪水线以上，以确保其安全。

使用防水线缆和防水插座，这些产品具有特殊的绝缘材料和屏蔽结构，能在水淹情况下保持良好的绝缘性能。

> 防水电缆采用交联聚乙烯、橡皮等防水绝缘材料及防水带、防水涂层等专门防水层，并以聚氯乙烯、氯丁橡胶等耐水护套包裹，具有防水性好、电气和机械性能稳定、耐腐蚀性强等特点。我们可以通过查看电缆外皮上的产品标识 IPX 识别防水等级，也可通过查看结构设计推断，观察是否具有防水带、防水涂层。

安装防水箱或屏障也可用来保护关键电器设备，防止水进入。例如在户外的插座上安装开关防水罩。

开关防水罩

五、洪水退去，复电有策略

 洪水过后新变化

◎ **房屋整体变"脆弱"了**

● 潮湿环境小心触电

洪水退去后的房屋内空气湿度大——潮气较重，电器设备和室内电线绝缘水平会有所下降，容易发生漏电及短路现象，引发设备故障并威胁人身安全。应等待设备或空气完全干燥后再进入，或穿戴好绝缘手套、绝缘鞋再进入。

家中湿气重，可能有看不见的危险！

潮湿环境易引发触电

因屋内潮湿，未浸水的电器内的灰尘杂质也会因潮湿而变成优良导体。通电状态下，被浸湿的灰尘杂质极易被电流击穿，引起燃烧。一些电源插头接触不良，空气潮湿后导致极间导电参数变化，发生漏电、短路、打火等现象。

- ### 此时插座可能很危险

插座表面干燥不代表内部也已干燥，在看不见的地方可能存在较大触电风险。在未做好绝缘措施和断电情况下，避免触摸受到水浸泡后的插座、电线、电器，触电风险剧增。

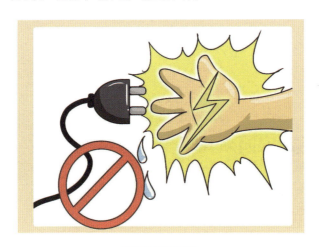

潮湿易发触电

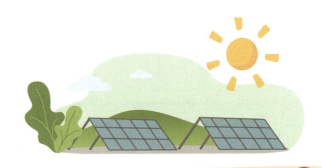

绝缘措施有哪些?

切断电源：断开电源是开展进一步措施的前提。

干燥处理：用干布彻底擦干表面水分，再使用吹风机以低温档均匀地对插座各部位吹干（包括插孔内部）。

绝缘防护：对于电线接头处或线缆缝隙，使用绝缘胶带从连接处的一端开始，以半重叠方式紧密缠绕，覆盖连接部位及周边一定范围。

 重返家园须知晓

◎ **必要的入户准备**

● **"一看二断三检查"**

进入房屋前，首先观察房屋周围是否有掉落或裸露的电线，切勿触摸掉落或裸露的导线，以防触电，如有危险或不确定的情况，应立即拨打当地电力抢修电话，通知供电人员前来处理。

进入屋内时，先断开屋内电源总空气开关和分空气开关（或带保险丝的刀闸），从外观上检查空气开关或刀闸是否能正常使用，切忌触碰潮湿的墙面和受潮的电器设备，防止漏电伤人。

进屋后，逐一仔细检查电线、插座、电灯、电视、冰箱、空调等是否存在被水淹过或严重受潮情况。如已被浸泡，不要急于使用，打开门窗通风晾晒，并将家电转移至干燥的环境多晾晒几天，使用水损坏的设备可能会导致触电和火灾，让有执照的电工检查所有水损坏的硬接线电器，例如空调。

◎ 注意检查用电设备

● 电器设备

外观状态：查看设备外壳是否有裂缝、变形、生锈等明显受损迹象。

插头和插座：检查插头和插座是否受到水浸泡，避免触摸潮湿的插头，并确保插座干燥。

内部情况：对于一些密封的电器设备，如微波炉、电饭锅等，应谨慎打开，检查内部是否有积水或受损。

异常气味：闻一闻设备是否有异常的气味，如焦煳味、燃烧味等。如果发现任何电器设备存在明显的受损迹象，应立即停止使用，并将其移出房屋，以免造成更严重的安全隐患。

● 插座和电线

湿润情况：检查插座和周围墙壁是否有水渍或显露的湿润迹象。

受损情况：观察插座是否受到水浸泡或受损，如插座变色、腐蚀等。

电线情况：检查电线是否受损，如绝缘层破损、金属线裸露等。

断开电源：如果发现插座或电线存在湿润或受损情况，应立即断开相关的电源停止使用，并使用标识或告示警示他人，通知专业电工进行检修和修复。

开关受损应停止使用

干燥处理：如果屋内电线、插座、电器等被水淹过或严重受潮，不要急于用电，应敞开所有门窗，将家电转移至干燥的环境晾晒几天。在重新连接电源之前，可能需要进行安全检查，或联系厂家售后进行检测维修或更换，必要时请专业人员重新布线。

◎ 复电步骤不可少

• 送电前的全面检查

首先检查开关状态：确保空气开关或刀闸处于断开状态，并且外观无损坏、无烧焦痕迹；保险丝完好无损；电线无破损、老化或裸露部分。特别注意墙角、地面缝隙等隐蔽位置，这些地方容易藏有受损的电线。

电力部门提醒，所有浸水用电设备必须送家电专业维修部门检测绝缘，绝缘合格才能使用；有条件时，用欧姆表检测线路绝缘，合格才能送电；在送电前，要检查漏电保护器，确保漏电保护器合格。

• 逐步送电与检测

具备送电条件下，如果水淹不严重，先送总空气开关，再逐一送分空气开关（或检查保险丝后推上刀闸），送电后请用试电笔验明屋内水管、电器设备外壳、地线（一般为三相插座最顶端的插孔）是否带电，如带电，请立即断开电源并请专业人员处理。

合总开关前，要先将所有的电器从插座上拔下来，并将照明灯光控制开关断开；合上总开关，待空线路运行一段时间后，再逐个打开照明灯开关，插上电器插头。

插电源插头时，要把手擦干，站在绝缘物上进行；插上插头后，用验电笔检测电器外壳是否带电。如带电应立即拔下来，不带电才能打开电器开关，正常用电。

● 正确使用漏电保护器

若遇到漏电保护器跳闸的情况，首先需执行复位操作，具体步骤为按下位于漏电保护器上直径约为1毫米的蓝色或红色复位按钮。随后，尝试将漏电保护器重新合闸。若此时漏电保护器未再次跳闸，则表明电力供应已恢复正常，问题得到妥善解决，可安全用电。

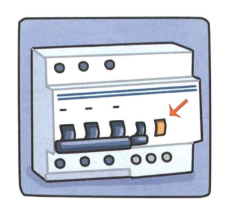

正确使用漏电保护器

若在完成复位与合闸操作后，仍未恢复供电，则有可能意味着该漏电保护器已损坏。在此情况下，建议及时更换漏电保护器，并在更换后再次进行合闸操作，以恢复电力供应。

 ## 受淹电器应评估

◎ **电动自行车进水要警惕**

电动自行车进水主要包括以下几种情况，但是这几种情况却是电瓶车的"致命伤"。如有发现，及时修理或更换，否则后果很严重！

电机进水：会导致线路板发生短路，引发自燃。

控制器进水：导致线路短路。

仪表盘进水：仪表失灵，信号丢失。

电池进水：发生漏电，甚至引发火灾。

充电器进水：完全报废，需更换充电器。

电动自行车进水电池爆炸

◎ 冰箱等贵重电气设备进水

检查冰箱等电气设备进水的程度和部位。如果仅仅是外壳表面沾湿，触电风险相对较低；但如果水进入了设备内部，尤其是电路板和电气元件部分，触电风险则会显著增加。

有条件可使用绝缘电阻测试仪等专业工具对设备进行检测。通过测量设备的绝缘电阻值，可以判断其是否存在漏电或绝缘性能下降的问题。

通过试运行，检查设备是否有异常表现，如有异味、发热、冒烟等。这些迹象可能表明设备内部已经发生了短路或元件损坏，从而增加了触电风险。

◎ 电器进水后清洗

● 空调

对于空调外机，拆开外机上盖，用洗车机泵清水小力度冲洗，拆开压缩机接线端盖，清洗污泥，小力度给水，冲干净热板上的污泥，然后用干净的纸巾沾除压缩机接线座，装回即可，再冲干净外壳。

清洗进水后的空调

空调室内机部分，小心拆开挂机外罩，分离卡扣时动作要小心。用清水从出风口方向喷射，冲干净污泥，然后拆开内机控制板盖子，

把电路板和机架分离出，清洗干净，元件间隙用毛刷配合，洗净后晾干，或用吹风机温风吹干，切记不能用过热的风，以防塑料部件变形；部分空调的室内机显示面板采用一体化设计，分离出来清洗之后除水再装回，注意保护小变压器和面板的细小引线。

● 冰箱

洪水泡过的冰箱冰柜清洗过程中，要注意压缩机接线盒和冷冻室风道这两处。部分冰箱的冷藏室和冷冻室都设计有风道，请用清水缓喷冲掉污泥，压缩机、散热板等部分强度相对较高，可放心冲洗。

清洗进水后的冰箱

● 洗衣机

洗衣机在设计之初就已充分考虑到水环境对其内部组件的影响，因此电路板、电机等关键部件均采用了周密的防水措施，即便不慎遭遇泡水情况，也无需过分担忧，只需迅速将附着的污泥冲洗干净，随

后将洗衣机置于阳光下进行晾晒。但请注意并非是直接暴晒外壳，而是要让阳光能够充分照射到洗衣机的底部，以达到彻底干燥的目的，为此，可以将洗衣机斜放或倒置，以确保底部也能得到阳光的充分照射。

● 其他电器

风扇、电饭煲等家用电器在进行清洗时，通常需要先将它们拆开至各可分离部件，以便进行彻底的清洁。完成清洗后，务必确保所有部件都被吹干并彻底晾干，否则易引发短路、漏电、跳闸等安全事故，最后待完全干燥后再进行通电试机。

液晶电视、电脑等电器，泡水后必须交专业人士处理，最好不要自己尝试清洗，以免造成不可挽回的损害。

小贴士

使用修复类电器：开始使用洪水浸泡后修复电器设备时，要注意使用情况，过段时间是否运行良好。用鼻子闻闻是否有烧焦味，如有烧焦味应立即断电停止使用。如遇电器着火，应立即断开电源总空气开关或刀闸，用黄沙、二氧化碳灭火器灭火，切不能用水来灭火。